Bibliografische Information der Deutschen Nationalbibliothek:

Die Deutsche Bibliothek verzeichnet diese Publikation in der Deutschen Nationalbibliografie; detaillierte bibliografische Daten sind im Internet über http://dnb.d-nb.de/ abrufbar.

Impressum:

Druck und Bindung: Books on Demand GmbH, Norderstedt Germany
ISBN: 9783668678026

Dieses Buch bei GRIN:

https://www.grin.com/document/151807

Ralf Bachmeier

Demographischer Wandel im ländlichen Raum

Lösungsmöglichkeiten im Rahmen der Dorferneuerung am Beispiel des Generationenhauses Sontheim

GRIN Verlag

Demographischer Wandel im ländlichen Raum – Lösungsmöglichkeiten im Rahmen der Dorferneuerung am Beispiel des Generationenhauses Sontheim

Bachelor's Thesis

von

Ralf Bachmeier

Bearbeitung: 21.04.2009 bis 20.07.2009

Studiengang: Geodäsie und Geoinformation

2009

Kurzfassung

Ziel der vorliegenden Arbeit ist es, anhand eines Beispieldorfes aufzuzeigen, welche Lösungsmöglichkeiten die Dorferneuerung bietet, um den Auswirkungen des Demographischen Wandels entgegenzuwirken. Dabei wurde folgende Vorgehensweise gewählt. Zu Beginn befasst sich die Arbeit mit den Faktoren, die den Demographischen Wandel in Deutschland bedingen. Der Rückgang der Bevölkerungszahl und der Wandel der Altersstruktur hin zu einer älteren Gesellschaft bewirkt eine erhebliche Veränderung des sozialen Gefüges und stellt vor allem die ländlichen Regionen vor enorme Herausforderungen, die in der vorliegenden Arbeit betrachtet werden. Das Bayerische Dorferneuerungsprogramm hat zum Ziel, Kommunen im ländlichen Raum bei der Bewältigung der genannten Probleme zu unterstützen. Aus den dargestellten Herausforderungen werden im Folgenden Lösungsmöglichkeiten abgeleitet, die sich im Rahmen der Durchführung der Dorferneuerungen herausgebildet haben. Zur genauen Recherche der Lösungsansätze und Wirkung einer Dorferneuerung wurden Gespräche mit Experten geführt. Zum einen gab Herr Y., Sachgebietsleiter für Land- und Dorfentwicklung des Amtes für Ländliche Entwicklung Schwaben aus behördlicher Sicht Auskunft über die bereits durchgeführten Dorferneuerung in der Gemeinde Sontheim im Unterallgäu; zum anderen konnte Herr Dr. X., Initiator des Generationenhauses Sontheim, Auskunft geben, durch welchen Ansatz diese Einrichtung den Auswirkungen der Folgen des Demographischen Wandels im sozialen Bereich entgegenzuwirken versucht. Mithilfe der aus diesen Gesprächen am Beispiel der Gemeinde Sontheim gewonnenen Ergebnissen und zusätzlichem aus Literaturquellen erworbenem Fachwissen wird dargestellt, mit welchen Strategien eine Reduzierung der Konsequenzen des Demographischen Wandels in den Gemeinden im ländlichen Raum herbeigeführt werden kann. Das Beispiel des Generationenhauses Sontheim zeigt wie mit Hilfe des Einsatzes der Bürgerinnen und Bürger der eigenen Gemeinde, eine sinnvolle und praktikable Lösung in der Versorgungsproblematik der Kinder und Senioren geschaffen werden konnte.

Abstract

The intention of this thesis is to show, on the base of a special example, how, by means of "regional planning and development" it is possible to work against the consequences of the demographic change.
The thesis first describes the factors which have caused that change in Germany. The regression of the population and the alteration of the age distribution have turned out to be a remarkable transformation of the social structure. This brings out an enormous challenge which mainly the rural regions are confronted with. The present thesis describes these challenges and tries to find possible solutions for the problems mentioned above.
The project of "regional planning and development" has the aim to substitute villages in the rural areas. To get a picture of the development of such a project it was necessary to have conversations with local experts. At first Mr. Y., senior councillor of the "Amt für Ländliche Entwicklung Schwaben", provided some official information about the regional planning and development in Sontheim (Unterallgäu), which has already been realized. Furthermore, Dr. X., the initiator of the "Generationenhaus" in Sontheim, could impart an idea how this institution tries to antagonize against the causes of the demographic change concerning social realms. Combining the results selected from these interviews with scientific literary knowledge, it can clearly be demonstrated which strategies are necessary to reduce the consequences of the democratic change in the rural communities. The example of the "Generationenhaus" Sontheim shows, how, by the help of the inhabitants, it was possible to create a reasonable and practicable solution for the provision of seniors and children.

Hauptteil

1 Einleitung

1.1 Motivation

Der Demographische Wandel in Deutschland beschäftigt die Politik gleichermaßen wie die Bevölkerung und wird momentan offen diskutiert. Die Folgen durch die Veränderungen der Struktur der Gesellschaft sind noch nicht zu hundert Prozent vorherzusehen, jedoch geben uns schon jetzt Prognosen Aufschluss über die Herausforderungen, die auf uns zukommen werden. Auch die Bundesregierung hat die Notwendigkeit des Handelns erkannt und fördert im sozialen Bereich Landkreise und kreisfreie Städte mit Projekten wie zum Beispiel Mehrgenerationenhäusern. Der aktuellste Stand des Presse- und Informationsamtes der Bundesregierung gibt wieder, dass diese ein Kapital von 88 Millionen Euro zur Förderung derartiger Initiativen bereitgestellt hat.[1] Am meisten sind die Gemeinden im ländlichen Raum betroffen, die durch die eher schwächeren infrastrukturellen Voraussetzungen und im Hinblick auf die soziale Versorgung der Alten und Kinder, die Daseinsvorsorge der Bevölkerung und die Veränderung der baulichen Entwicklung vor schwer lösbaren Aufgaben stehen. Um diesen Gemeinden eine Hilfestellung zu bieten, gibt diese Arbeit eine Übersicht darüber, welche Probleme auf sie zukommen werden, und mit welchen Möglichkeiten sie diesen Auswirkungen im Rahmen einer Dorferneuerung entgegenwirken können.

1.2 Fragestellungen, Überblick und Lösungsweg

Zu Beginn ist es notwendig, die Ursachen des Demographischen Wandels darzustellen. Informationen zu diesem Thema bieten das Statistische Bundesamt und das Bundesinstituts für Bevölkerungsforschung, die sich mit dem Thema der

[1] Presse- und Informationsamt der Bundesregierung; Alt und Jung unter einem Dach; Online unter: http://www.bundesregierung.de/nn_65654/Content/DE/Artikel/2001-2006/2006/01/2006-01-11-alt-und-jung-unter-einem-dach.html; aufgerufen am 19.07.2009.

Bevölkerungsentwicklung auseinandersetzen. Über die allgemeinen Folgen des Demographischen Wandels für Deutschland gibt uns Bundespräsident Horst Köhler, der die Wichtigkeit des Themas bereits erkannt hat und in seinem Forum für Demographie die Folgen des Demographischen Wandels thematisiert, Auskunft. Eine Zusammenstellung der Ursachen und Folgen des Demographischen Wandels befindet sich in Kapitel 2.

Resultierend daraus ergibt sich die Frage, vor welche Herausforderungen die Gemeinden im ländlichen Raum gestellt werden. Antwort darauf gab ein Expertengespräch mit dem zuständigen Sachgebietsleiter für Land- und Dorfentwicklung des Amtes für Ländliche Entwicklung Schwaben Herr Y.. Dieser zeigte zunächst auf, welche Auswirkungen die Gemeinden in den ländlichen Regionen in der Zukunft erfahren werden, was in Kapitel 3 dargestellt wird.

Wie Kapitel 4 zeigt, konnte Herr Y. zudem Antworten auf die wichtigste Fragestellung nach den Lösungsmöglichkeiten zur Verminderung der Auswirkungen des Demographischen Wandels im ländlichen Raum geben. Darüber hinaus gibt auch die Literatur, die im Rahmen der Vorlesung Bodenordnung und Landentwicklung des gleichnamigen Lehrstuhls der Technischen Universität München behandelt wird, strukturiert Aufschluss über die Dorferneuerung.

Am Beispiel der bereits durchgeführten Dorferneuerung in der Gemeinde Sontheim in Schwaben, für das Herr Y. zuständig war, lässt sich in Kapitel 5 veranschaulichen, wie die Gemeinde auf die Auswirkungen reagiert hat.

In einem weiteren Gespräch mit Herrn Dr. X., der das im Zuge der Dorferneuerung geschaffene Projekt Generationenhaus Sontheim mitentwickelt und aufgebaut hat, wird deutlich, welchen Beitrag die Bürgerinnen und Bürger der Gemeinden leisten können, um ihr Dorf lebenswerter zu machen. In Kapitel 6 wird beschrieben, wie das Generationenhaus entstand, wie es finanziert wurde, welche Aktivitäten veranstaltet werden, wer die Träger sind und welche Erfolge das Projekt erfahren konnte. Ebenfalls wird dargestellt, welche Faktoren den Erfolg bedingten und inwieweit das Projekt auch für andere Gemeinden umsetzbar ist.

2 Der Demographische Wandel in Deutschland

2.1 Begriff „Demographischer Wandel"

Um sich mit dem Demographischen Wandel auseinandersetzen zu können, bedarf es zunächst der Klärung der Begrifflichkeiten. Der Begriff Demographie, der sich aus den griechischen Termini „demos", „das Volk" und „graphie", „die Schrift", zusammensetzt, lässt sich nach folgender lexikalischer Definition beschreiben:
„Demografie: (griech.) Demografie bezeichnet die wissenschaftliche Erforschung des Zustandes der Bevölkerung und ihrer zahlenmäßigen Veränderungen (Geburtenrate, Zu- und Abwanderungen, Altersaufbau etc.)." [2]
Demographie beschreibt also im elementaren Sinne die Gegebenheiten eines Volkes im Bezug zu seiner Bevölkerungszahl, dessen Veränderungen durch Fertilität (Geburtenrate), Mortalität (Sterberate) und durch Zu- und Abwanderungen geprägt werden. Ferner werden die Verteilung der Altersstruktur der beschriebenen Population und die Verteilung des Volkes innerhalb des Lebensraums erforscht.
Der Begriff „Wandel" lässt sich simpel als Synonym für das Wort „Veränderung" verstehen.
Der „Demographische Wandel" lässt sich also als Veränderung der Zusammensetzung der Altersstruktur einer Gesellschaft bezeichnen. Der Begriff ist zunächst weder positiv noch negativ behaftet und kann sowohl auf eine Bevölkerungszunahme als auch eine Bevölkerungsabnahme angewendet werden. [3]

2.2 Ursachen für den Demographischen Wandel

Als Ursachen für den Demographischen Wandel in Deutschland kann man drei entscheidende Faktoren ausmachen. Zunächst einmal hat die niedrigere Fertilität, d.h. der Rückgang der Geburtenzahlen, maßgeblichen Anteil am Demographischen Wandel. Wie man in Abbildung 1 nachvollziehen kann, ist die Anzahl der Kinder pro

---

[2] Schubert, K. / Klein, M.: Artikel „Demographie"; in: Das Politiklexikon (Bd. 4) Bonn / Dietz 2006; o.A.
[3] Universität Kassel; Der Einfluss der demografischen Entwicklung auf die Nachhaltigkeit der Finanzpolitik; Online unter: http://www.ivwl.uni-kassel.de/reding/files/lehre/beier/verschuldung/Referate/Demografie.pdf; S. 3; aufgerufen am 26.06.2009.

Frau in Deutschland im letzten Jahrhundert zurückgegangen. Während Ende des 19. Jahrhunderts die Kinderzahl durchschnittlich noch weit über vier Kindern pro Frau lag, liegt die derzeitige Anzahl der Kinder pro Frau momentan bei durchschnittlich unter dem Wert von 1,4. Die Folge ist der Rückgang der Bevölkerungszahl in Deutschland. Das Bestandserhaltungsniveau würde bei durchschnittlich 2,1 Kindern pro Frau liegen. [4]

Das Bundesinstitut für Bevölkerungsforschung sieht die Ursache für diesen Rückgang im Aufschub der Geburt des ersten Kindes, da die Ausbildung, der Wunsch nach einer beruflichen Karriere nach dem Berufseinstieg und die Schaffung einer materiellen Basis für eine Familie zumeist der Gründung dieser im Weg steht. Das Elterndasein wird durch den nötigen Lebensstil als Karrieremensch erschwert oder verhindert. Im Extremfall bleiben die Eltern kinderlos. [5]

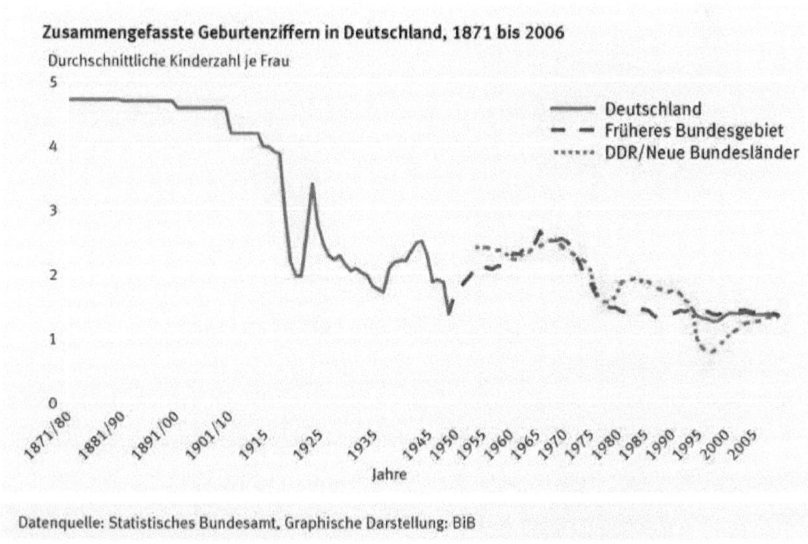

Abb. 1: Zusammengefasste Geburtenziffern in Deutschland, 1871 bis 2006
Quelle: Statistisches Bundesamt

[4] Bundesinstitut für Bevölkerungsforschung; Fertilität; Online unter: http://www.bib-demographie.de/cln_090/nn_750722/DE/DatenundBefunde/Fertilitaet/fertilitaet__node.html?__nnn=true; aufgerufen am 28.06.2009.

[5] Bundesinstitut für Bevölkerungsforschung; Kinderlosigkeit; Online unter: http://www.bib-demographie.de/cln_090/nn_750724/DE/DatenundBefunde/Fertilitaet/kinderlosigkeit.html; aufgerufen am 28.06.2009.

Der zweite Faktor ist die geringere Mortalität, d.h. die geringere Sterblichkeit. Als statistischer Wert lässt sich die Mortalität gut in der Lebenserwartung bei der Geburt beschreiben, welche sich in den letzten beiden Jahrhunderten mehr als verdoppelt hat. Wohingegen für Männer die Lebenserwartung bei der Geburt im Jahr 1886 durchschnittlich noch bei 36 und für Frauen bei 39 Jahren lag, liegt der Wert für Männer derzeit durchschnittlich bei 77 Jahren und für Frauen bei 82 Jahren. [6]

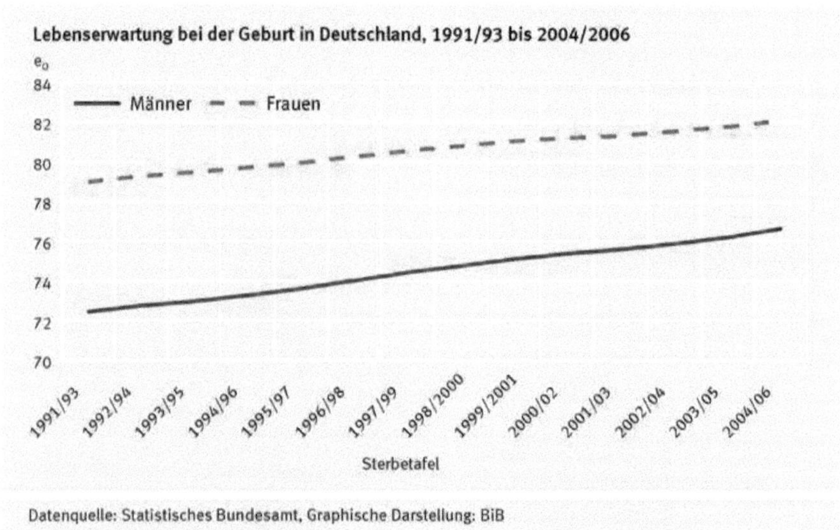

Abb. 2: Lebenserwartung bei der Geburt in Deutschland, 1991/93 bis 2004/2006
Quelle: Statistisches Bundesamt

In Abbildung 2 kann man den Anstieg der Lebenserwartung bei der Geburt nach der Wiedervereinigung der Bundesrepublik Deutschland nachvollziehen. Alleine im Zeitraum von nur 15 Jahren ist die Lebenserwartung um ca. 3-4 Jahre im Durchschnitt angestiegen.

Als Ursachen für den Anstieg der Lebenserwartung nennt das Bundesinstitut für Bevölkerungsforschung den medizinischen Fortschritt, die Verbesserung der hygienischen Bedingungen und die verbesserte Ernährungslage. [7]

---

[6] Bundesinstitut für Bevölkerungsforschung; Sterblichkeit; Online unter: http://www.bib-demographie.de/cln_090/nn_750724/DE/DatenundBefunde/Sterblichkeit/sterblichkeit__node.html?__nnn=true; aufgerufen am 28.06.2009.
[7] Ebd.

Da die Zahl der Sterbefälle jedoch nach wie vor höher ist als die Zahl der Geburten, kann man in Deutschland derzeit einen Sterbefallüberschuss verzeichnen. Die Bevölkerungszahl geht also zurück.

Dieser Entwicklung wirkt der dritte Faktor, die Wanderungen über die Landesgrenzen hinaus, leicht entgegen. In diesem Kontext werden nur dauerhafte Verlagerungen des Wohnortes betrachtet. Im Zusammenhang mit der Demographie im Bundesgebiet beschränken wir uns hier auf die Außenwanderungen, d.h. Zuzüge von Ausländern oder zurückkommenden Deutschen im Verhältnis zu den Abwanderungen ins Ausland. Das Verhältnis zwischen der Zu- und der Abwanderung wird als Wanderungssaldo bezeichnet. [8]

Im 20. Jahrhundert haben die Zahlen des Saldos immer wieder variiert. Dies hatte zumeist politische Hintergründe wie zum Beispiel das Anwerben von Gastarbeitern in den 1960er und Anfang der 1970er und den dann folgenden Anwerbestopp aus dem Jahr 1973. [9]

Die derzeitigen Zahlen des Wanderungssaldos belegen einen Überschuss an Zuzügen. In den Jahren 1991 bis 2007 zogen jedes Jahr mehr Leute in das Bundesgebiet als aus dem Bundesgebiet wegzogen (Bsp.: 2007 waren es 43.912) Dieser Trend lässt jedoch allmählich nach. [10]

2.3 Folgen des Demographischen Wandels

Aufgrund der Abnahme der Bevölkerungszahl in Deutschland und dem Anstieg des Durchschnittalters spricht man von einer „Vergreisung der Gesellschaft". In Abbildung 3 kann man die Entwicklung der Altersgruppen von 1950 bis 2050 ablesen. Daraus ergibt sich, dass der Anteil der über 60-jährigen immer größer wird, obwohl sich die

[8] Bundesinstitut für Bevölkerungsforschung; Wanderungen; Online unter: http://www.bib-demographie.de/cln_090/nn_750726/DE/DatenundBefunde/Wanderungen/wanderungen__node.html?__nnn=true; aufgerufen am 28.06.2009.

[9] Bundesinstitut für Bevölkerungsforschung; Außenwanderung; Online unter: http://www.bib-demographie.de/cln_090/nn_750732/DE/DatenundBefunde/Wanderungen/aussenwanderung.html;aufgerufen am 28.06.2009.

[10] Statistisches Bundesamt Deutschland; Wanderungen; Online unter: http://www.destatis.de/jetspeed/portal/cms/Sites/destatis/Internet/DE/Content/Statistiken/Bevoelkerung/Wanderungen/Tabellen/Content50/WanderungenInsgesamt,templateId=renderPrint.psml; aufgerufen am 28.06.2009.

Bevölkerung im Gesamten reduziert. Die Gruppen der unter 20-jährigen und der 20- bis 60-jährigen dagegen minimieren sich. [11]

Im Folgenden werden nun einige schwerwiegende Auswirkungen aufgezeigt, die die Änderung der Altersstruktur mit sich bringt. Der Arbeitsmarkt wird immer mehr unter dem Mangel an Personen im erwerbsfähigen Alter leiden. Die geringere Anzahl an Schülern und Studenten wird den Innovationsgehalt und die damit verbundene internationale Wettbewerbsfähigkeit vor eine große Herausforderung stellen. Das soziale Sicherungssystem, das ursprünglich für eine junge und wachsende Bevölkerung konzipiert wurde, steht nun vor der Aufgabe, einer sinkenden Zahl von Beitragszahlern und dem stark wachsenden Bedarf einer alternden Bevölkerung gerecht werden. Die Anzahl der Steuerzahler wird sinken. Für die öffentliche Infrastruktur wird die Kostenbelastung pro Kopf tendenziell höher, da die Standards der Daseinsvorsorge und der Standortqualität aufrecht erhalten oder verbessert werden sollen, obwohl die Nachfrage bei sinkender Bevölkerung geringer ausfallen wird. Letztlich muss das Problem der Familie und der Versorgung der Senioren und Kinder genannt werden, sowie die erschwerten Bedingungen für die Bildung. [12]

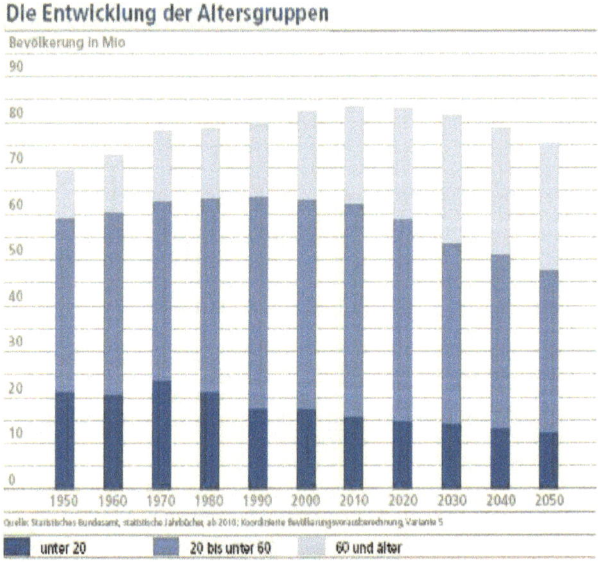

Abb. 3: Die Entwicklung der Altersgruppen

Quelle: Forum Demographischer Wandel des Bundespräsidenten

[11] Vgl. Abb.3.

[12] Forum Demographischer Wandel des Bundespräsidenten; Ursachen und Folgen; Online unter: http://www.forum-demographie.de/Ursachen-und-Folgen.20.0.html; aufgerufen am 28.06.2009.

3 Herausforderungen für die Gemeinden im ländlichen Raum

3.1 Der ländliche Raum

Die Raumkategorie ländlicher Raum wird in der Literatur meist negativ durch die Abgrenzung von städtischen Räumen definiert. Die Akademie der Raumforschung und Landesplanung nennt hierzu als Indikatoren die Bevölkerungsdichte oder weitere Verdichtungs- und Zentralitätsmerkmale. Die Organisation für wirtschaftliche Zusammenarbeit und Entwicklung (OECD) legt den Wert für die Abgrenzung der urbanen und ländlichen Räume auf 150 Einwohner pro km ² fest. [13]

Trotz seiner geringen Bevölkerungsdichte ist der ländliche Raum angesichts seiner enormen Flächenabdeckung von großer Bedeutung. Das Flächenland Bayern dient hierbei als Anschauungsbeispiel, was sich unter Zuhilfenahme von Abbildung 4 illustrieren lässt. In Bayern umfasst der ländliche Raum 85% der Landesfläche und dient acht Millionen Menschen (60% der Bevölkerung) als Lebens-, Wirtschafts- und Arbeitsraum. [14]

Abb. 4: Der Ländliche Raum in Bayern

Quelle: Bayerisches Staatsministerium für Wirtschaft, Infrastruktur, Verkehr und Technologie

[13] Franzen, N./Hahne, U. u.a. (Hrsg.); Herausforderung Vielfalt – Ländliche Räume im Struktur- und Politikwandel; E-Paper der Akademie für Raumforschung und Landesplanung Nr. 4; Hannover 2008; S. 1; Online unter: http://www.arl-net.org/pdf/publik/e-paper-der-arl-nr4.pdf; aufgerufen am 18.07.2009.

[14] Bayerisches Staatsministerium für Wirtschaft, Infrastruktur, Verkehr und Technologie; Der ländliche Raum in Bayern; Online unter: http://www.laendlicherraum.bayern.de/der-laendliche-raum-in-bayern.html; aufgerufen am 30.06.2009.

3.2 Probleme in der Daseinsvorsorge und Infrastruktur

Die Versorgung der Bevölkerung mit Dienstleistungen und die dafür benötigten infrastrukturellen Voraussetzungen werden durch verschiedene Faktoren erschwert. Der mit dem Strukturwandel einhergehende Rückgang des primären Sektors führt zu zahlreichen Leerständen von Höfen am Ortsrand, welche häufig zu Wohnanlagen umfunktioniert werden. Die daraus resultierende Nachfrage nach Versorgung in den neuen Wohnkomplexen führt zu einer Ansiedlung von Gewerbe, bei welchem es sich zumeist um Filialen städtischer Großbetriebe handelt. Dies bedeutet einen erhöhten Konkurrenzdruck für die kleinen Betriebe im Ortskern, was zu zahlreichen Schließungen sogenannter „Tante-Emma-Läden" führt. Dadurch verringert sich die finanzielle Leistungsfähigkeit der ländlichen Kommunen. [15]

Auch andere private und öffentliche Einrichtungen, die für die Grundversorgung von Nöten sind, sind von der gesunkenen Nachfrage mangels Bevölkerung und der damit sinkenden oder veränderten Auslastung betroffen. Dies sind Einrichtungen des Gesundheitswesens, Kindergärten, Schulen, Bäder, Postfilialen, Banken, Gebäude der öffentlichen Verwaltung, usw. Zumeist mangelt es an Fachkräften, die Einrichtungen sind wirtschaftlich nicht mehr rentabel und müssen eingeschränkt oder geschlossen werden. [16]

Aus der bereits diskutierten Problematik der Schwierigkeiten in der Grundversorgung lassen sich die Herausforderungen für die infrastrukturellen Voraussetzungen in ländlichen Regionen ableiten. Die gesunkene Auslastung oben genannter Einrichtungen der Daseinsvorsorge führt zu einem Rentabilitätsverlust der Infrastruktur. Die Folge für die Bevölkerung wird ein ungewohntes Defizit in der verkehrlichen Erreichbarkeit sein. Betroffen wird nicht nur das Straßennetz und der Öffentliche Personennahverkehr sein, sondern auch die Versorgung mit Wasser, Gas, Strom, Internet, usw. [17]

---

[15] Jahnke, P.; Dorferneuerung vor neuen Herausforderungen; in: Magel, H. (Hrsg.); Dorferneuerung vor neuen Herausforderungen (= Materialiensammlung 24); München 2000; S. 20.
[16] Technische Universität Kaiserslautern; Herausforderungen des Demographischen Wandels für den Ländlichen Raum; Online unter: http://www.region-suedlicher-oberrhein.de/wDeutsch/aufgaben/Grenzueberschreit_Zusam/PUSEMOR/Beitrag%20Troeger-Wei%DF.pdf; S. 11 ff.; aufgerufen am 30.06.2009.
[17] Ebd.

3.3 Bauliche Entwicklungen

Herr Y. konnte verdeutlichen, welche Veränderungen des Ortsbildes, als Folge des Bevölkerungsrückgangs und der Überalterung in den Dörfern, entstehen.
Die ältere Bevölkerung ist häufig nicht mehr in der Lage, ihre Höfe finanziell und körperlich zu unterhalten. Die nachfolgende Generation, die vorwiegend nicht mehr innerhalb des Ortes lebt, zeigt aus unwirtschaftlichen Gründen kaum Interesse, das Haus ihrer Eltern instand zu halten. Ferner kümmern sie sich um ihr eigenes Heim in den Städten oder in den Neubaugebieten am Ortsrand. Erbengemeinschaften werden sich oft nicht einig, was mit dem Nachlass passieren soll. Folglich bleibt der Hof so stehen, wie er ist. Viele Gebäude stehen daher leer oder werden nur noch teilweise als Unterstand für Maschinen genutzt. Das Ergebnis ist ein Zerfall der Bausubstanz der Höfe. In den nächsten 10-15 Jahren wird sich das Ortsbild signifikant verändern. Auch der heutzutage oft verwendete „Toskana-Baustil" mit seiner quadratischen Grundfläche der Häuser, der im krassen Gegensatz zu den traditionell langgezogenen Gebäuden mit ihrer zur Straße giebelständigen Ausrichtung steht, wird sich auf des Ortsbild erheblich auswirken.[18]
Herr Y. spricht hier nur eine Form städtebaulicher Auswirkungen an. Neben den von ihm erwähnten Gemeinden, die eine Bevölkerungsabnahme zu befürchten haben, haben Gemeinden in der Nähe von Ballungsräumen mit einem erhöhten Siedlungsdruck zu kämpfen, wodurch die verbliebene Landwirtschaft eingeengt wird. [19]
Der gestiegene Flächenverbrauch für Siedlungsgebiete in den strukturschwachen Regionen, vor allem in den Neubaugebieten an den Ortsrändern, stellt die Gemeinden vor große Herausforderungen. Von 1994 bis 2004 fand in Bayern ein Anstieg des Wohnungsbestandes von 13,6 % statt. Verstärkt wird dieser Effekt durch den gestiegenen Wohnanspruch der Bevölkerung, der sich in den letzten 40 Jahren verdoppelt hat. Die Folge ist die Gefährdung traditionell gewachsener Siedlungs- und Landschaftsbilder, insbesondere an den Ortsrändern, an denen die Neubaugebiete errichtet werden. [20]

---

[18] Gespräch mit dem Sachgebietsleiter für Land- und Dorf Entwicklung Herr Y. am 17.06.2009 im Amt für Ländliche Entwicklung Krumbach.
[19] Dirnberger, F.; „Ärmer, älter, bunter" – Zur Zukunft ländlicher Kommunen – aus der Sicht des Bauens und Planens; in: Magel, H. (Hrsg.); „Ärmer, älter, bunter" – Zur Zukunft ländlicher Kommunen und zu den (neuen) Möglichkeiten der Integrierten Ländlichen Entwicklung (= Materialiensammlung 34); München 2005; S. 55 f.
[20] Bayerisches Staatsministerium für Landwirtschaft und Forsten (Hrsg.); Ländliche Entwicklung in Bayern. Aktionsprogramm Dorf Vital (= Materialien zur Ländlichen Entwicklung); München 2006; S. 9.

3.4 Soziale Problemstellungen

Die sozialen Nachwirkungen des Demographischen Wandels machen sich in allen Generationen bemerkbar. Am meisten sind davon jedoch die Kinder und Senioren betroffen.

Dr. X., der als Allgemeinmediziner in Sontheim tätig ist, schilderte die Probleme, die mit dem Wandel der Familienstruktur von der Großfamilie zur Kleinfamilie einhergehen. Durch die Veränderung des Arbeitsmarktes im ländlichen Raum und den daraus entstandenen Druck auf die arbeitende Bevölkerung, mobil sein zu müssen, entsteht ein Mangel an Versorgern.

Die gute Infrastruktur wirkt dabei als Verstärker, da die Möglichkeiten zu pendeln im ländlichen Raum weitestgehend gut auszuschöpfen sind.

Neben der Probleme der Versorgung der Kinder und der Senioren keimen zudem psychische Konsequenzen auf.

Kinder bauen bis zu ihrem zehnten Lebensjahr ihr soziales Bewusstsein auf. Durch das Fehlen der Eltern und die zumeist fehlende aktive Einbindung in die Ortsgemeinschaft erhalten die Kinder häufig kein Bewusstsein für ihren Heimatort. Dieser Effekt wird durch die hohe Quote an alleinerziehenden Elternteilen verstärkt, der in einer defizitären Kindeserziehung resultiert. Die Folge ist eine häufige Abwanderung mit dem Beginn der Beraufsausbildung oder bei der Gründung einer Familie. [21] Ein weiterer Grund für den Wertewandel in der Bevölkerung ist die Anziehungskraft des städtischen Lebensstils, der den Jungen die Möglichkeit zur Selbstentfaltung bietet und den Bezug zu ihrem Heimatort schmälert.[22]

Alte Menschen hingegen ziehen sich verstärkt zurück. Ihr Bewusstsein wird immer eingeschränkter, ihre Welt immer kleiner und die Außenwelt immer fremder. Die Kontaktfähigkeit nach außen verringert sich. Senioren fehlen die Werte in deren Leben. Die Liebe und Anerkennung, die der Mensch im Leben als Grundbedürfnis benötigt, bleibt aus. Hinzu kommt die eingeschränkte Mobilität durch die fehlende Bewegung, die immer mehr zur psychischen Belastung wird. Die Ernährung wird aus praktischen Gründen einseitig. Die medizinische Versorgung ist schwer auf hohem Niveau zu halten. Alten- und Pflegeheime gibt es in der Regel erst in der nächsten Stadt und werden zumeist nur selten angenommen, die Wege zu Ärzten und Krankenhäusern

[21] Gespräch mit Herrn Dr. X. am 17.06.2009 in Sontheim. Jahnke;
[22] Dorferneuerung; S. 20.

werden länger und die Freizeitmöglichkeiten bleiben aufgrund der eingeschränkten Nachfrage vor Ort dürftig. [23]

Herr Y. berichtete in unserem Gespräch über weitere Faktoren, die zu sozialen Problematiken führen.

Im ländlichen Raum gibt es in der Regel keine Kinderkrippen. Kinder kommen erst mit 3-4 Jahren in den Kindergarten. In der Zeit bis dahin muss häufig ein Elternteil die Betreuung übernehmen, da die Großeltern der Kinder diesen Dienst oft nicht auf sich nehmen können oder wollen. Zum einen führt das Problem der räumlichen Trennung zu einer Hinderung der Versorgung durch die Großeltern, da viele Senioren innerhalb des Ortskerns leben und somit von ihren Kindern und Enkelkindern, die ja zumeist schon in den Neubaugebieten am Ortsrand oder in den Städten leben, separiert sind; zum anderen gibt es immer mehr Senioren, die der Freizeitgeneration angehören. Bedingt durch die hohe Fitness der Alten sind diese teilweise nicht mehr bereit, ihre Enkelkinder zu betreuen, da sie es vorziehen, zu reisen oder andere Freizeitaktivitäten wie Segeln, Bergsteigen oder Ähnliches zu unternehmen. [24]

Im nachfolgenden Kapitel werden nun die Möglichkeiten beschrieben, wie diesen Auswirkungen im Rahmen einer Dorferneuerung entgegengewirkt werden kann.

---

[23] Gespräch mit Dr. X..

[24] Gespräch mit Herr Y..

4 Lösungsmöglichkeiten durch die Dorferneuerung

4.1 Grundlagen

Der ehemalige EU-Agrarkommissar Dr. Franz Fischler beschreibt die moderne Dorfentwicklung folgendermaßen: „Moderne Dorfentwicklung ist nicht bloß Verschönerungspolitik, sondern eine ganzheitliche, ökonomisch fundierte und eine nach vorn gerichtete Fitnessstrategie mit dem Ziel, durch die Verbesserung der Wohnverhältnisse, die attraktive Gestaltung des Ortsbildes und die Bereitstellung moderner Infrastruktur die Einkommens- und Lebensverhältnisse aller Bürger direkt zu verbessern und die Wirtschaftskraft der Kleinräume zu stärken, ohne dabei die Identität, den historischen Bezug und das spezifische kulturelle Eigenleben zu vernachlässigen.“ [25]

Die Begriffe „Dorfentwicklung“ und „Dorferneuerung“ lassen sich insofern voneinander abgrenzen, da sich „Dorfentwicklung“ auf einen immerwährenden Prozess bezieht, wohingegen „Dorferneuerung“ für eine zeitlich limitierte Periode zur Durchführung von Konzepten und Maßnahmen zur Entwicklung von Dörfern, die durch den Staat gefördert werden, steht. [26]

Da jedes Dorf eine andere Situation aufzuweisen hat, muss jede Dorferneuerung individuell auf die Bedürfnisse vor Ort abgestimmt werden. Eine Ortschaft mit Bevölkerungszuwachs hat zum Beispiel andere Bedürfnisse als eine Ortschaft mit Bevölkerungsabnahme. [27]

Die im vorhergehenden Kapitel beschriebenen Herausforderungen für die Gemeinden im ländlichen Raum bilden die Voraussetzungen für die Notwendigkeit einer Dorferneuerung.

---

[25] Technische Universität München; Grundvorlesung Bodenordnung und Landentwicklung; Online unter: http://www.landentwicklung-muenchen.de/vorlesungsskripten/index.html; S. 169; aufgerufen am 30.06.2009.

[26] Ebd.; S. 175.

[27] Ebd.; Dirnberger; „Ärmer, älter, bunter“; S. 56.

4.2 Trägerschaft

Die Träger der Dorferneuerung bilden sich aus den Teilnehmergemeinschaften, dem Zusammenschluss aller Grundeigentümer und der Gemeinde, welche die Dorferneuerung in gegenseitigem Einvernehmen sowie in gemeinsamer Verantwortung mit den Bürgerinnen und Bürgern durchführen. [28]
Umfassende Dorferneuerungen erfolgen in Bayern stets auf Grundlage des Flurbereinigungsgesetztes (FlurGB) unter Federführung der Flurbereinigungsbehörde. In Bayern gelten dabei die Ämter für ländliche Entwicklung (ALE) als oberste Flurbereinigungsbehörde. [29]
Herr Y. gab an, dass der Freistaat Bayern die Dorferneuerungskonzepte im Rahmen der Mittel aus dem Agrar- und Küstenschutz der Bundesrepublik Deutschland unterstützt. Es liegt eine Kofinanzierung vor, an der sich auch die Europäische Union beteiligt. Kofinanzierung bedeutet, dass die Ausgaben der Gemeinde jeweils durch einen Beitrag der Europäischen Union von höchstens 50% und der Mittel des Freistaates Bayern verdoppelt werden. [30]
Bei einer umfangreichen Dorferneuerung entstehen Kosten von ca. 750.000 Euro, in der einfachen Dorferneuerung ca. 100.000 Euro. [31]

4.3 Strategie

Die Träger der Dorferneuerung erstellen zunächst Leitbilder, die der Orientierung der konkreten Einzelziele und Maßnahmen dienen. Nach der Ausarbeitung der Leitbilder werden Arbeitskreise zu den verschiedenen Themenbereichen gebildet. Einige Beispiele für solche Arbeitskreise sind Gremien, die sich mit dem Lebens-, Siedlungs-, Kulter-, Gemeinschafts- oder Arbeitsraum beschäftigen. Abschließend wird ein Maßnahmenkatalog erstellt. [32]

---

[28] StMELF - Bayerisches Staatsministerium für Ernährung, Landwirtschaft und Forsten; Dorferneuerungsrichtlinien zum Vollzug des Bayerischen Dorfentwicklungsprogramms; 2009; § 7.5; S. 6 f.; Online unter: http://www.ale-oberfranken.bayern.de/service/34673/linkurl_1_25.pdf;aufgerufen am 01.07.2009.
[29] TUM; Bodenordnung und Landentwicklung; S. 170.
[30]Gespräch mit Herr Y..
[31] Bisle, F.; Amt für Ländliche Entwicklung; Informationsveranstaltung Forum Dorferneuerung; S. 14; Online unter: http://www.lra-ostallgaeu.de/uploads/media/Vortrag_Bisle.pdf aufgerufen am 19.07.2009.
[32] TUM; Bodenordnung und Landentwicklung; S. 176 f.

4.4 Maßnahmen

Das Bayerische Staatsministerium für Landwirtschaft und Forsten gliedert die Maßnahmen der Dorferneuerung in drei Bereiche: den baulich-gestalterischen und ökologischen, den ökonomischen und den sozialen und kulturellen Bereich.
Die Maßnahmen im Ersteren sind beispielsweise Planungen, Konzepte, die Gestaltung von Straßen und Plätzen oder die Erschließung von landwirtschaftlichen Hofstellen. Im ökonomischen Bereich geht es beispielsweise um den Erwerb und die Verwertung von Gebäuden und Grundstücken, sowie die Wiederbelebung und Umnutzung von leerstehender Bausubstanz. Der letzte Bereich zeichnet sich durch die Veranstaltung von bildungsfördernden Seminaren oder die Unterstützung von Initiativen, wie zum Beispiel die Erstellung einer Dorfchronik, aus. [33]

4.5 Ablauf

Zu Beginn stellt die betroffene Gemeinde einen Antrag beim Amt für Ländliche Entwicklung. Nach Bewilligung des Antrags informiert das Amt den Gemeinderat und die Bürger über den bevorstehenden Ablauf der Dorferneuerung. In der Vorbereitungsphase werden Arbeitskreise gebildet, ein Leitbild und ein vorläufiger Maßnahmenplan ausgearbeitet. Nach Festlegung der Ziele wird das Verfahren durch das Amt für Ländliche Entwicklung eingeleitet. Parallel dazu entsteht die Teilnehmergemeinschaft, für die ein Vorstand gewählt wird. In der nächsten Phase beschäftigen sich Teilnehmergemeinschaft und Gemeinde mit der Aufstellung der endgültigen Planung sowie der Finanzierung der Maßnahmen, welche schließlich mit Hilfe der Bürger umgesetzt werden. Im Zuge des Bodenmanagements wird über Grundstücke verhandelt, es werden Grenzen vermessen und festgelegt und Grundbuch- und Katasterunterlagen erstellt. Die Schlussabrechnung erfolgt durch die Teilnehmergemeinschaft und die Gemeinde, wohingegen das Amt für Ländliche Entwicklung den Abschluss des Verfahrens vornimmt. [34]

---

[33] Bayerisches Staatsministerium für Landwirtschaft und Forsten (Hrsg.); Dorferneuerung. Lebensqualität steigern, Entwicklung fördern – so werden Dörfer fit für die Zukunft; in: Ländliche Entwicklung in Bayern; München 2006; S. 88 f.
[34] Vgl. Abb.5.

DER WEG ZUM ERFOLG

Antrag
der Gemeinde beim Amt für Ländliche Entwicklung

▼

Information von Gemeinderat und Bürgern
durch das Amt für Ländliche Entwicklung

▼

Vorbereitungsphase
Bildung von Arbeitskreisen, Erarbeiten eines Leitbildes und eines vorläufigen Maßnahmenplans durch die Bürger und Gemeindevertreter mit Unterstützung des Amtes für Ländliche Entwicklung

▼

Festlegung der Ziele und Schlüsselmaßnahmen sowie der Förderung in einer Projektbeschreibung
durch das Amt für Ländliche Entwicklung

▼

Einleitung des Verfahrens
durch das Amt für Ländliche Entwicklung mit Entstehung der Teilnehmergemeinschaft

▼

Wahl des Vorstands der Teilnehmergemeinschaft
unter Leitung des Amtes für Ländliche Entwicklung

▼

Aufstellen der endgültigen Planung sowie der Finanzierung der Maßnahmen
durch die Teilnehmergemeinschaft und die Gemeinde

▼

Umsetzung der Maßnahmen
durch die Teilnehmergemeinschaft, die Gemeinde und die Bürger

▼

Bodenmanagement
Grundstücksverhandlungen, Festlegung, Abmarkung und Vermessung der Grenzen, Erstellen der neuen Grundbuch- und Katasterunterlagen, Eigentumsübergang durch die Teilnehmergemeinschaft

▼

Schlussabrechnung
durch die Teilnehmergemeinschaft und die Gemeinde

▼

Abschluss des Verfahrens
durch das Amt für Ländliche Entwicklung

Abb. 5: Der Weg zum Erfolg

Quelle: Bayerisches Staatsministerium für Landwirtschaft und Forsten

4.6 Ziele

Die Dorferneuerungsrichtlinien der einzelnen Bundesländer legen die allgemeinen Ziele der Dorferneuerung fest. In Bayern ist das Bayerische Staatsministerium für Ernährung, Landwirtschaft und Forsten dafür zuständig. Die Dorferneuerung wird in den Dorferneuerungsrichtlinien wie folgt definiert: "Die Dorferneuerung dient im Rahmen der angestrebten ländlichen Entwicklung der nachhaltigen Verbesserung der

Lebens-, Wohn-, Arbeits- und Umweltverhältnisse auf dem Lande, insbesondere der agrarstrukturellen Verhältnisse und städtebaulich unbefriedigender Zustände.“ [35]

Im Rahmen der Dorferneuerung können Vorbereitungen, Planungen und Beratungen gefördert werden. Dies gilt für gemeinschaftliche und öffentliche Maßnahmen und Anlagen, sowie für private Vorhaben. [36]

Durch die Dorferneuerung sollen etliche Ziele erreicht werden, die im Folgenden beschrieben werden.

Ziel ist es, die bereits angesprochenen sich zuspitzenden Rahmenbedingungen für die Landwirtschaft zu verbessern und die ökonomischen, ökologischen, sozialen und kulturellen Potenziale zu stärken. Dabei ist das Mitwirken der Bürger von zentraler Bedeutung, da sie dadurch den Bezug zu ihrer dörflichen Kultur fördern und die Bindung an die Heimat vertiefen. Insofern ist es wichtig, dass der eigenständige Charakter der ländlichen Siedlungen und der Kulturlandschaft erhalten bleibt. Darüber hinaus sollen Maßnahmen für den Klimaschutz durchgeführt werden. Ein weiteres Ziel der Dorferneuerung ist die Innenentwicklung, welche im Kapitel 4.7 ausführlicher betrachtet wird.

Diese Ziele werden im Folgenden anhand einiger Beispiele verdeutlicht.

Um die landwirtschaftlichen Betriebe erwerbsfähiger zu machen, werden die Höfe um-, bzw. ausgebaut, um ihr wirtschaftliches Potenzial voll ausschöpfen zu können.

Für die steigende Zahl der Arbeitssuchenden außerhalb der Landwirtschaft müssen neue Arbeitsstellen geschaffen und die bestehenden gesichert werden. Dafür entsteht neues Gewerbe auf verfügbaren Flächen. Die Aufwertung des Dorf- und Landschaftsbildes dient gleichzeitig zur Stärkung touristischer Einnahmequellen. [37]

Für die Versorgung der Bevölkerung, die entweder öffentlich oder privat geschieht, werden neue (Nah)-Versorgungssysteme entwickelt. Mittels regenerativer Energien können diese wirtschaftlich und umweltverträglich betrieben werden. Unrentable Versorgungseinrichtungen, die unentbehrlich sind, sollen unterstützt werden. Durch die Bereitstellung von günstigem Bauland sollen private Investoren angelockt werden. [38]

Im Bereich der Bildungsvermittlung nehmen ortsansässige Vereine eine wichtige Position ein. Zum Beispiel sollen Räume für Ausstellungen und Zusammenkünfte

---

[35] StMELF; Dorferneuerungsrichtlinien; § 1 (1); S. 1.

[36] Bayerisches Staatsministerium für Landwirtschaft und Forsten; Aktionsprogramm Dorf Vital; S. 23 f.; StMELF; Dorferneuerungsrichtlinien; § 2; S. 2.

[37] TUM; Bodenordnung und Landentwicklung; S. 172.

[38] Ebd.; S. 172 f.

bereitgestellt werden. Im Rahmen solcher Veranstaltungen wird das sozio-kulturelle Bewusstsein der Bürger gestärkt. [39]
Erholungseinrichtungen für den örtlichen Bedarf sollen ebenfalls geschaffen werden, wobei naturnahe Anlagen dabei als am rentabelsten gelten. [40]
Eine gut ausgebaute Verkehrsinfrastruktur ist die Voraussetzung für die Qualität des Standorts, da sie für die Bewohner eine erhöhte Mobilität bedeutet und die Erreichbarkeit der Gemeinde (auch im Rahmen des Tourismus) verbessert. Die Dorferneuerung sieht vor, durch den Bau von Ortsumgehungen schädlichen Durchgangsverkehr von den Dörfern fernzuhalten, die Straßen bedarfsgerecht zu gestalten und den Öffentlichen Personennahverkehr auszubauen. Fuß- und Radwege werden angelegt. [41]

4.7 Innenentwicklung

4.7.1 Grundlagen

Die Innenentwicklung kann als zentrales Handlungsfeld der Dorferneuerung verstanden werden. Die rechtliche Grundlage gibt dabei das Baugesetzbuch (BauGB): „Mit Grund und Boden soll sparsam umgegangen werden; dabei sind die Verringerung der zusätzlichen Inanspruchnahme von Flächen für bauliche Nutzungen die Möglichkeiten der Entwicklung der Gemeinde insbesondere durch Wiedernutzbarmachung von Flächen, Nachverdichtung und andere Maßnahmen zur Innenentwicklung zu nutzen.“ [42]
Die Kernpunkte der baulichen Innenentwicklung werden vom Bayerischen Staatsministerium für Landwirtschaft und Forsten als „eine systematische Erfassung und Bewertung des Innenentwicklungspotenzials, die Ermittlung der relevanten Rahmenbedingungen für die Realisierung sowie der vernetzte Einsatz von Instrumenten der Ländlichen Entwicklung als auch von anderweitigen kommunalen Planungs- und Mobilisierungsinstrumenten“ beschrieben. [43]

---

[39] Ebd.; S. 173.
[40] Ebd.; S. 173.
[41] Ebd.; S. 174.
[42] Bayerisches Staatsministerium für Landwirtschaft und Forsten; Aktionsprogramm Dorf Vital; S. 13.
[43] Ebd.; S. 12.

4.7.2 Aufgaben

Die Aufgaben der Innenentwicklung im Rahmen der Dorferneuerung lassen sich nach dem Bayerischen Staatsministerium für Landwirtschaft und Forsten in drei Bereiche unterteilen: Planungs-, Umsetzungs- und Mitwirkungs-, bzw. Aktivierungsaufgaben.
Um in der Vorbereitungsphase einer Dorfentwicklung einen schnellen Überblick über die konkrete Situation und die Handlungsmöglichkeiten des jeweiligen Ortes zu erhalten, kann bei Bedarf ein Vitalitätscheck durchgeführt werden. Er bietet planerische Entscheidungshilfen, mit denen die Verwaltung für Ländliche Entwicklung und die Gemeinden arbeiten können.
Der Vitalitätscheck gibt eine Übersicht, welche Rahmenbedingungen vorliegen, welche Potenziale die jeweiligen Dörfer vorweisen können und gibt anschließend Möglichkeiten zur Innenentwicklung. [44]
Herr Y. gab an, dass der Vitalitätscheck der Unterstützung der Bevölkerung und der Gemeinden diene. Er soll den Menschen aufzeigen, wo die Stärken und Schwächen ihres Dorfes liegen und wo man Verbesserungen anbringen kann. Jede Gemeinde bekommt eine statistische Übersicht betreffend verschiedene Thematiken wie den Überwanderungssaldo, die Wohn- und Wanderungsentwicklung, die Familienwanderung, die Demographie, die Alterungsfähigkeit oder die Arbeitsplatzzentralität. [45]
In Abbildung 6 kann man den Aufbau des Vitalitätschecks zur Innenentwicklung nachvollziehen. Zunächst werden die Grunddaten ermittelt, daraufhin das Innenentwicklungspotenzial und anschließend die Realisierungsmöglichkeiten erfasst und bewertet. Abschließend werden die Folgerungen für die Dorferneuerung und die gemeindlichen Aufgaben erörtert. [46]

[44] Ebd.; S. 26.
[45] Gespräch mit Herr Y..
[46] Vgl. Abb. 6.

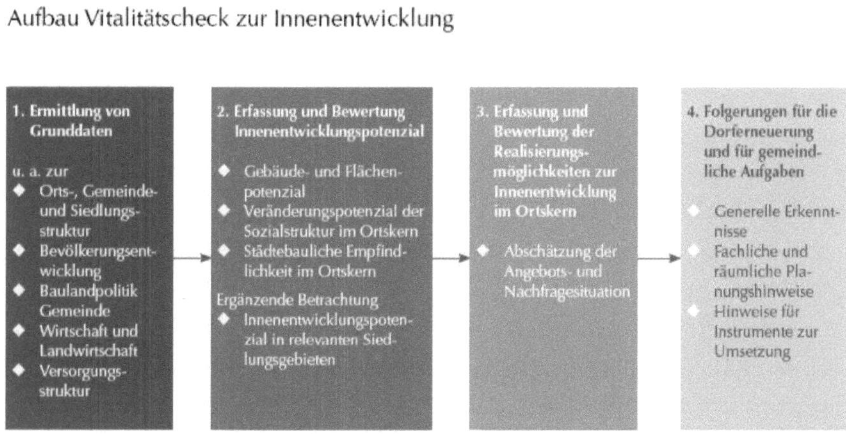

Abb. 6: Aufbau Vitalitätscheck zur Innenentwicklung

Quelle: Bayerisches Staatsministerium für Landwirtschaft und Forsten

Ebenfalls wird in der Vorbereitungsphase ein Dorferneuerungsplan erstellt. Dieser kann sich entweder als Rahmenkonzept zur Innenentwicklung des gesamten Ortskerns oder als Rahmenkonzept für unterschiedliche Teilgebiete des Ortskerns verstehen. [47] Der Dorferneuerungsplan ist rechtlich unverbindlich und wird von den Trägern der Dorferneuerung erarbeitet. Werden Maßnahmen berührt, die den öffentlichen Belang schneiden, müssen die öffentlichen Träger beteiligt werden. Im Dorferneuerungsplan werden landwirtschaftliche Fachplanungen und weitere Themen bzw. objektbezogene Fachplanungen, wie zum Beispiel der Denkmalschutz oder sozialkulturelle Fragen, integriert. Er enthält Karten und Textteile, aus denen die Bestandsaufnahme, die Wertungen, ein dörfliches Leitbild, die Planungen, die Alternativen und abgeleitete Entscheidungen nachvollziehbar hervorgehen müssen. Zudem soll der Dorferneuerungsplan darüber Aufschluss geben, ob eine Notwendigkeit für die Gemeinde besteht, Bauleitpläne aufzustellen, zu ändern oder zu ergänzen. Des Weiteren enthält der Dorferneuerungsplan die erwünschten Maßnahmen privater Träger, die mit den öffentlichen Maßnahmen abzustimmen sind. [48]

Es lassen sich vier relevante Umsetzungsaufgaben unterscheiden. Die Objektplanung steht im unmittelbaren Zusammenhang mit baulichen Maßnahmen wie der Gebäudeumnutzung oder der Straßenraumgestaltung. Als nächste Aufgabe ist die

[47] Bayerisches Staatsministerium für Landwirtschaft und Forsten; Aktionsprogramm Dorf Vital; S. 26.
[48] TUM; Bodenordnung und Landentwicklung; S. 181 f.

Bodenordnung zu nennen, in der Grundstücke bereitgestellt und Grundstücksgrenzen angeglichen werden. Für die Handlungsfähigkeit von Gemeinden im ländlichen Raum spielt die Unterstützung beim Zwischenerwerb von Immobilien eine wichtige Rolle. Letztlich müssen bauliche Maßnahmen, insbesondere in Hinsicht auf die Umnutzung und Sanierung leerstehender Gebäude oder die Straßen- und Freiraumgestaltung angefügt werden. Der Gebrauch von Umsetzungsinstrumenten in der Dorferneuerung ist stets abhängig von den Erfordernissen des Ortes. Es gilt, Privatmaßnahmen stark zu berücksichtigen. [49]

Um gemeinsame Vorstellungen über die Funktionen und Qualitäten des Dorfes und damit eine Akzeptanz in der Bevölkerung entwickeln zu können, bedarf es der bürger- und mitwirkungsorientierten kooperativen Planung, für die die Dorferneuerung eine geeignete Basis bietet. Bei Aufgaben, die die Gemeinde betreffen, ist eine enge Zusammenarbeit von Gemeinde- und Ortsverantwortlichen wie dem Bürgermeister oder dem Gemeinderat unabdingbar. Damit die Strategien zur Innenentwicklung zum Erfolg führen, ist eine Mitwirkungsbereitschaft der Eigentümer erforderlich. Wichtig bleibt in diesem Zusammenhang, dass private Eigeninteressen in eine Gemeinwohlorientierung eingebunden werden und dadurch Vertrauen aufgebaut wird. [50]

Das notwendige Wissen der ehrenamtlich tätigen Bürgerinnen und Bürger wird in speziellen Seminaren der Schulen für Dorf- und Landentwicklungen geschult. [51]

4.7.3 Maßnahmen

Aus Abbildung 7 lassen sich grundlegende Maßnahmen der Innenentwicklung ableiten. Als Erstes lässt sich die Umnutzung oder Sanierung vorhandener Gebäude nennen. Die weiteren Maßnahmen sind die Nutzung von Baulücken und Brachflächen im Ortskern, die bauliche Verdichtung, welche durch höhere Grundflächenzahlen, Reihenbebauungen oder Neben- und Zusatzbauten erreicht wird, der bauliche Ersatz, welcher vor allem bei schlechter Bausubstanz zum Tragen kommt und der Rückbau

[49] Bayerisches Staatsministerium für Landwirtschaft und Forsten; Aktionsprogramm Dorf Vital; S. 26 f.
[50] Ebd.; S. 27.
[51] Bayerisches Staatsministerium für Landwirtschaft und Forsten; Dorferneuerung, S. 91 f.; Dirnberger, F.; Erwartungen der Gemeinden an die Dorferneuerung im 21. Jahrhundert; in: Magel, H. (Hrsg.); Dorferneuerung vor neuen Herausforderungen (= Materialiensammlung 24); München 2000; S. 49 f.

oder die Entkernung, welche durch Flächenumwidmung oder durch das Schaffen von Freiflächen bewirkt wird. [52]

Abb. 7: Einordnung der Innenentwicklung und relevante städtebauliche Ziele
Quelle: Bayerisches Staatsministerium für Landwirtschaft und Forsten

In den Gemeinden des ländlichen Raums spielen dabei die Maßnamen des Rückbaus und der Entkernung aufgrund der geringen Nachfrage nach Wohnraum im Ortskern eine bedeutende Rolle. [53]

---

[52] Vgl. Abb. 7.
[53] Bayerisches Staatsministerium für Landwirtschaft und Forsten; Aktionsprogramm Dorf Vital; S. 12.

5 Die Dorferneuerung in der Gemeinde Sontheim

5.1 Ausgangssituation und Geschichte

Sontheim liegt im Regierungsbezirk Schwaben im Freistaat Bayern, zwischen Memmingen und Mindelheim, im Herzen des Landkreises Unterallgäu.
Die knapp 2600 Einwohner zählende Gemeinde teilt sich seit 1978 in die Ortsteile Attenhausen mit ca. 700, und dem Ortsteil Sontheim mit ca.1900 Einwohner auf.
Das Gemeindegebiet umfasst eine Fläche von 2.653 ha. Dieses Areal untergliedert sich in 1.746 ha landwirtschaftlich genutzte Fläche, 735 ha Waldfläche, 59 ha Gebäude- und Freifläche, 841 ha Verkehrsfläche, 14 ha Betriebsfläche und 14 ha Wasserfläche.
Die Wohngemeinde Sontheim mit ihrem ländlichen Charakter ist eine der ältesten Ortschaften des östlichen Günztals und wurde erstmals im Jahre 838 in einer Urkunde Kaiser Ludwigs erwähnt. Im Mittelalter war Sontheim verkehrstechnisch von großer Bedeutung, da es an der kaiserlichen Landstraße von Landsberg nach Memmingen lag. [54]
Sontheim bietet eine gut ausgebaute Infrastruktur für Pendler in die Städte der Umgebung und sogar nach Augsburg oder München. Die Autobahn A96 ist über die Anschlussstelle Erkheim in vier Kilometern zu erreichen. Seit 1874 hat Sontheim einen Bahnhof, der auf der Bahnlinie Memmingen-Buchloe liegt. Der Flugplatz „Allgäu-Airport" ist in nur 20 Minuten zu erreichen. Er verbindet die Region mit zahlreichen Städten in Europa. [55]

5.2 Veränderung der sozialen Strukturen

Das überwiegend ländlich strukturierte Sontheim unterliegt den typischen Veränderungen, die es in Gemeinden im ländlichen Raum zu erwarten gibt.

---

[54] Gemeinde Sontheim; Zahlen-Daten-Fakten; Online unter:
http://www.sontheim.de/webseite/zahlen_fakten_daten.shtml?navid=13; aufgerufen am 01.07.2009; Teilnehmergemeinschaft Sontheim (Hrsg.); Abschlussdokumentation Dorferneuerung Sontheim; Krumbach 2009; S. 2.
[55] Ebd.

Dr. X. gab zu verstehen, dass die Zahl der Landwirtschaftsbetriebe in den letzten Jahrzehnten von weit über 70 auf mittlerweile nur noch 20 zurückgegangen, die Bevölkerungszahl jedoch angestiegen ist. [56] Diesen Zustand prognostizierte er bereits sieben Jahre zuvor in einem wissenschaftlichen Kolloquium über die Zukunft ländlicher Gemeinden. [57] Der Rückgang des primären Sektors und das Fehlen von Industrie in Sontheim hat das Auspendeln der arbeitenden Bevölkerung zur Folge, da sich das Arbeitsplatzangebot lediglich auf den tertiären Sektor beschränkt. Verstärkt wird dieser Effekt durch die gut ausgebaute Verkehrsinfrastruktur. Die Folgen dessen wurden bereits in Kapitel 3.4 beschrieben.

Die Lösungsansätze der Vergangenheit, wie die Einrichtung von sozialen Diensten oder einer Sozialstation, bezeichnete Dr. X. lediglich als ein „Mehr vom Gleichen". Diese Art der Versorgung wird in der Regel von Fachleuten durchgeführt und lässt sich auf Dauer nur schwer oder gar nicht finanzieren. [58]

5.3 Die Dorferneuerung Sontheim

5.3.1 Ablauf

Im Jahr 1991 wurde der Antrag auf Dorferneuerung gestellt. In der Vorbereitungsphase ab 1998, die zwei Jahre dauerte, hatten die damalige Direktion für Ländliche Entwicklung Schwaben und das Planungsbüro *Lars consult* Memmingen in Zusammenarbeit mit den Bürgerinnen und Bürgern Sontheims im Rahmen der ersten Informationsveranstaltung acht Arbeitskreise gebildet. Diesen Arbeitskreisen gehörten über 80 Mitglieder an. Die Aufgabe war, Ideen und Konzepte für die zukünftige Gestaltung Sontheims zu entwickeln.

In einem Seminar, das im November 1999 von der Schule der Dorf- und Landentwicklung Thierhaupten durchgeführt wurde, konnte entscheidende Impulse gesetzt werden. Die wichtigsten Bestandteile der Dorferneuerung sollten daher

[56] Gespräch mit Dr. X..

[57] Morbach, Dr. D.; Zusammenleben von Jung und Alt. Beispiel Projekt Generationenhaus. Gemeinde Sontheim, Landkreis Unterallgäu; in: Bayerische Akademie Ländlicher Raum e.V. (Hrsg.); Kritische Faktoren für die Zukunft ländlicher Gemeinden. Zuwachs – Abnahme – Überalterung (=Sommerkolloquium 2002; Heft 32); München 2003; S. 45.

[58] Gespräch mit Dr. X..

zunächst die Bestandsaufnahme, dann das Eruieren der Stärken und Schwächen und schließlich das Ausarbeiten der Zielsetzungen sein.

Die Arbeitskreise waren:

- Öffentlichkeitsarbeit und Kommunikation
- Gewerbe, Handel und Dienstleistungen
- Familie, Kirche, Soziales, Jugend und Senioren (geleitet von Dr. X.) -
Umwelt, Energie, Ver- und Entsorgung
- Geschichte, Kultur, Brauchtum
- Land- und Forstwirtschaft und Naturschutz
- Ortsentwicklung und Verkehr
- Vereine

Der Leitsatz, den die acht Arbeitskreise nach ihrer zweijährigen Tätigkeit festlegten, gibt den geistigen Grundsatz der Dorferneuerung Sontheim wieder: „Den Geist auf die Zukunft lenken, das Geschaffene überdenken, die Kräfte bündeln und mutig unser Dorf im Günztal gemeinsam gestalten.“ [59]

Nach Abschluss der Vorbereitungsphase im Jahr 2000 wurde noch im Dezember desselben Jahres die Dorferneuerung angeordnet. Im Jahr 2001 wurde der Vorstand der Teilnehmergemeinschaft gewählt. Im September begannen die ersten Bauarbeiten. Im Jahr 2009 wird die Dorferneuerung letztendlich abgeschlossen sein. [60]

5.3.2 Dorferneuerungsmaßnahmen

Die Infrastrukturprojekte wurden gemeinsam von den Bürgern, den Vereinen, den Arbeitskreisen, den Teilnehmergemeinschaften und der Gemeinde Sontheim erarbeitet. Das wichtigste Ziel war dabei der Ausbau der Hauptortsdurchfahrt, d.h. der Hauptstraße und der Frechenrieder Straße.

---

[59] Teilnehmergemeinschaft Sontheim; Abschlussdokumentation; S. 2 f.
[60] Ebd.; S. 3.

Durch Fahrbahnverengungen und optische Einschränkungen wie das Pflanzen von Bäumen konnte die übliche Verkehrgeschwindigkeit auf der Hauptstraße verringert werden. Angerbereiche wurden aufgewertet und Grundstückszufahrten mit Granitrasenpflaster bebaut. Abbildung 8 zeigt die Veränderung der Hauptstraße. Bild a zeigt die Hauptstraße vor, Bild b nach der Dorferneuerung.
Der sogenannte Löwenplatz wurde als attraktiver Treffpunkt von Jung und Alt ausgebaut. In der Frechenrieder Straße wurde ein durchgehender Gehweg gebaut, um die Sicherheit für Fußgänger zu erhöhen. Auch hier wurden optische Verbesserungen vorgenommen.

a b

Abb.8: Bild a) Hauptstraße vorher, Bild b) Hauptstraße nachher
Quelle: Teilnehmergemeinschaft Sontheim

Weitere Infrastrukturprojekte waren die Sanierung des Kirchwegs und der Fußwegverbindung von der Kirche zum neuen Friedhof. Zudem wurden neue Parkplätze angelegt. [61]

Aus der Neuvermessung und Abmarkung der Liegenschaften konnte eine digitale Flurkarte gewonnen werden, die der Erneuerung der Liegenschaftskataster und der Regelung der Rechtsverhältnisse dient. Die Bürger haben nun die Möglichkeit, kostenlos die Eigentumsverhältnisse einzusehen. [62]

Der Bau von landwirtschaftlichen Gemeinschaftsanlagen fördert die Zusammenarbeit der Landwirte. Neun Sontheimer Bauern haben sich zu einer Maschinenhallengemeinschaft zusammengeschlossen. Der Bau der 48 Meter langen und 15 Meter breiten Halle, die in zwölf einzelne Teile unterteilbar ist, erspart den Bauern Kosten und hilft vor allem Landwirten, die eine beengte Hofstelle haben.

[61] Ebd.; S. 4 f.
[62] Ebd.; S. 5.

Ein weiteres Projekt ist die gemeinschaftlich genutzte Fahrsiloanlage mit vier Abteilen, welche ein Fassungsvermögen von 1200 Kubikmeter hat. Finanziell wurden diese beiden Projekte von der Teilnehmergemeinschaft und dem Amt für Ernährung, Landwirtschaft und Forsten Mindelheim unterstützt. [63]

Weitere Maßnahmen, die noch angefügt werden sollten, waren die Gestaltung der Kindergartenaußenanlage und die neue Bushaltestelle mit Unterstand in der Ortsmitte. Die Eingrünung des „Park-and-Ride" Parkplatzes am Bahnhof wurde ebenfalls umgesetzt. Der Bau einer Wassertretanlage und des Naudlastupfer [64] Denkmals wurden unter der Federführung des Obst- und Gartenbauvereins realisiert. [65]

Ein besonderes Projekt war das von Dr. X. initiierte Generationenhaus Sontheim, auf das in Kapitel 6 ausführlich eingegangen wird.

5.3.3 Kosten und Finanzierung

In Abbildung 9 findet man zwei Statistiken, die die Ausgaben (links) und die Einnahmen (rechts), die sich im Rahmen der Dorferneuerung Sontheim ergeben haben, wiedergeben. Die Ausgaben werden durch die Beteiligung der Gemeinde und durch Zuschüsse des Freistaates Bayern, der Bundesrepublik Deutschland und der Europäischen Union gedeckt. Die Gemeinde selbst hatte sich mit 1.062.700 € an den Gesamtausgaben von 1.820.600 € beteiligt. Die Zuschüsse beliefen sich auf den Restanteil von 757.900 €.
Der Löwenanteil der Gesamtausgaben von 1.820.600 € wurde durch die Ausgaben von 1.562.800 € für die Verbesserung der Verkehrssituation ausgemacht. Für die Grünordnung wurden 53.900 €, für die Gebäude und Plätze 189.000 € und für Allgemeines und Bodenordnung 14.900 € ausgegeben. [66]

---

[63] Ebd.; S. 6.
[64] Näheres zum Naudlastupfer-Denkmal siehe ebd.; S. 7.
[65] Ebd.; S. 6 f.
[66] Vgl. Abb. 9.

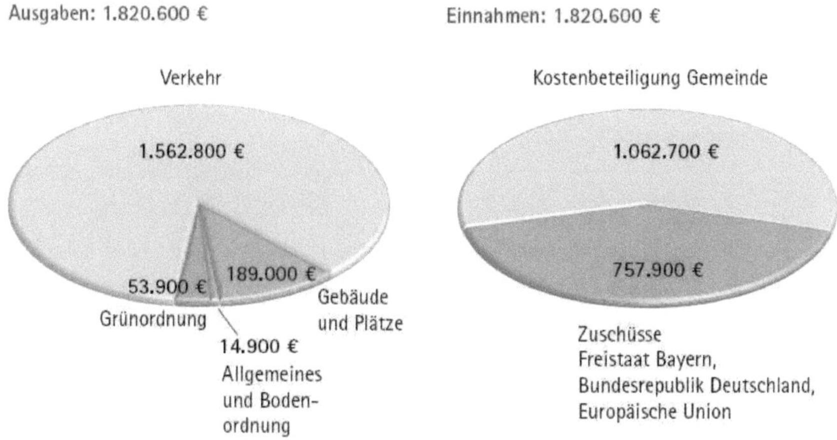

Abb. 9: Kosten und Finanzierung

Quelle: Teilnehmergemeinschaft Sontheim

6 Das Generationenhaus Sontheim

6.1 Grundidee und Entstehung

Aus der entstandenen Problemstellung der Versorgung der Kinder und Alten keimte im Jahr 1999 im Arbeitskreis für Familie, Kirche, Soziales, Jugend und Senioren, der im Zuge der Dorferneuerung Sontheim gebildet und von Dr. X. geleitet wurde, die Idee auf, ein Modell zu entwickeln, das der Struktur einer Großfamilie entspricht. Man versuchte eine Lösung zu finden, bei der man jedoch das „Dorf Dorf sein lassen kann". [67] Im Jahr 1999 wurde die Idee eines Hauses für Generationen in Sontheim diskutiert. Dabei wurde die Notwendigkeit erkannt, Bewusstseinsbildung bei den Bürgern zu betreiben, um diese vom Konzept zu überzeugen. Nach Angaben von Dr. X. trug Herr Y. maßgeblich zur Bewusstseinsbildung bei. Er organisierte eine Fahrt für Interessenten nach Amtszell zur Besichtigung einer ähnlichen Einrichtung der Stiftung Liebenau, um die Idee in den Köpfen reifen zu lassen. [68]

Eine zusätzliche Motivation war der Gewinn einer der drei Hauptpreise beim Ideenwettbewerb „Nahversorgung im Unterallgäu" des Landkreises, wodurch ein Startkapital von damals 50.000 DM zur Verfügung gestellt wurde. [69]

Unterstützt wurde das Generationenhaus auch von Seiten der Politik. Der damalige Staatsminister für Landwirtschaft und Forsten, Josef Miller, trat als Schirmherr des Projektes auf.

Die Grundidee eines ehrenamtlich geführten Generationenhauses ist, den durch den sozialen Strukturwandel bedingten Problemen und der erschwerten Versorgungssituation von Kindern und Senioren entgegenzuwirken. Das Generationenhaus soll als Begegnungsstätte für Jung und Alt dienen, um durch ein verloren gegangenes Kennenlernen der Generationen wieder eine Dorfkultur zu schaffen. Der Austausch zwischen Jung und Alt soll täglich stattfinden, um Berührungsängste und Vorurteile der Generationen untereinander abzubauen. Durch die gegenseitige Hilfeleistung soll schließlich das Problem der Versorgung von Kindern und Senioren vermindert werden.

---

[67] Gespräch mit Dr. X..
[68] Ebd.
[69] Ebd.; Morbach; Zusammenleben von Jung und Alt; S. 46.

Die Kinder sollen ein gezieltes Bewusstsein für ihr Heimatdorf, welches man schon weit vor der Pubertät entwickelt, vermittelt bekommen. Die Senioren hingegen sollen aus ihrer Isolation geholt werden. [70] Somit werden sie geistig und seelisch gestärkt und erfahren wieder Anerkennung und Zuneigung.

Die Problematik der Finanzierung solcher sozialen Einrichtungen soll durch ehrenamtliches Engagement erleichtert werden, um die Teilnahme am Projekt für jeden Dorfbewohner möglich zu machen. Der Denkansatz lautet also „vom Dorf fürs Dorf". [71] Dies ist ein Ansatz, bei dem sich die Dorfgemeinschaft einbringen soll, um für andere und sich selbst eine bessere Zukunft zu schaffen.

Anfang 2007 wurde schließlich mit dem Bau des Generationenhauses, das in Abbildung 10 zu sehen ist, begonnen. [72]

Abb.10: Das Generationenhaus

Quelle: Teilnehmergemeinschaft Sontheim

6.2 Trägerschaft

Der Hauptträger ist der „Trägerverein Generationenhaus Sontheim e.V.", der im Jahr 2006 gegründet wurde. Seine Aufgabe besteht darin, das Generationenhaus zu betreiben. Der Trägerverein hat lediglich drei juristische Mitglieder, um nicht von einzelnen Personen abhängig zu sein und das Projekt im Falle ihres Austrittes nicht zu gefährden. Die drei Mitglieder sind die politische Gemeinde, die Katholische Kirchenstiftung Sontheim St. Martin mit jeweils zwei Delegierten, sowie der

[70] Morbach; Zusammenleben von Jung und Alt; S.
[71] 47. Gespräch mit Dr. X..
[72] Ebd.

„Förderverein des Generationenhauses Sontheim e.V.“. Die Aufgaben des Fördervereins sind der Erwerb ehrenamtlicher Mitglieder, womit im Jahr 2006 begonnen wurde, und die finanzielle Unterstützung. Er zählt mittlerweile ca. 100 Mitglieder von denen ca. 60 im Generationenhaus ehrenamtlich tätig sind und die Aktivitäten leiten. [73]

6.3 Finanzierung

Das bereits in Kapitel 6.1 angesprochene Preisgeld von 50.000 DM des Ideenwettbewerbs war das Startkapital für das Generationenhaus. Jedoch konnten noch weitere Gelder generiert werden. Durch das Förderprogramm „Leader Plus“ der Europäischen Union, das 50% der Baukosten, nämlich 364.000 €, einbrachte, konnte der Hauptgrundstock zur Errichtung des Generationenhauses gelegt werden, woraufhin die Gemeinde dem Vorhaben zustimmte. Hinzu kamen 50.000 € durch das bayerische Dorferneuerungsprogramm und ein weiterer Zusatz des Ministeriums für Landwirtschaft und Forsten. Die restliche Finanzierung des Hauses und die laufenden Betriebskosten für das Haus trägt bis heute die Gemeinde.

Die laufenden Kosten, die durch den ehrenamtlichen Einsatz der Mitglieder des Fördervereins niedrig gehalten werden, werden durch geringe Kursgebühren, kleine Unkostenbeiträge und die Zuwendungen des Fördervereins abgedeckt.

Um größere Anschaffungen tätigen zu können, werden Aktionen wie ein Adventsmarkt veranstaltet, der alle zwei Jahre stattfindet. Dabei werden Sontheims Vereine aufgefordert, mitzuwirken und bei Interesse die Einnahmen dem Generationenhaus zu überlassen. Da Schulkinder mittags mit Essen verköstigt werden, steuert das Schulamt zusätzliche Gelder bei. Dank der vielfachen Einnahmequellen lassen sich die Kosten ohne Verluste abdecken. [74]

---

[73] Ebd.
[74] Ebd.

6.4 Aktivitäten

Die Aktivitäten des Generationenhauses sind vielfältig und sollen alle Gesellschaftsgruppen ansprechen. Für die Kinder wird eine Mittags- und Nachmittagsbetreuung angeboten, in der sowohl für die Verpflegung mit Mittagessen als auch für die Hausaufgabenbetreuung gesorgt wird. [75] Zudem werden Spielenachmittage angeboten, die teilweise zusammen mit Senioren veranstaltet werden. Letztere können das Generationenhaus ebenfalls zu gemeinsamen Malzeiten mit den Kindern aufsuchen und bekommen durch das Miteinander der Generationen die Möglichkeit, sich bei der Betreuung der Kleinen selbst einzubringen. Zudem werden für Jung und Alt spezielle Kurse angeboten, in denen Senioren beispielsweise den Umgang mit dem PC erlernen können. [76]

Durch die weitere Nutzung des Generationenhauses von anderen Institutionen des Dorfes wird das Projekt immer weiter ins Dorfleben eingebracht. Vereine wie die Wasserwacht, der Bund Naturschutz, der Frauenbund, der Kirchenchor oder Mutterkindgruppen nutzen die Räumlichkeiten des Hauses. Da es in Sontheim kein Pfarrheim gibt, nutzt auch die Pfarrei die Einrichtung. Sogar die Sontheimer Grundschule bedient sich der Möglichkeiten des Generationenhauses für Veranstaltungen und Fortbildungen und des Computerraumes für die Ausbildung der Schüler. Durch diese Maßnahmen steht das Generationenhaus Sontheim nie leer. [77]

6.5 Erfolge

Die Erfolge des Generationenhauses Sontheim sind zahlreich. Die Einrichtung wird von etlichen Bürgerinnen und Bürgern genutzt. Durch die Eingliederung von Jugendlichen und Kindern wird diesen eine soziale Bindung zur Dorfgemeinschaft vermittelt. Die Kinder lernen, durch spielerische Auseinandersetzungen miteinander umzugehen. Auf diese Weise sollen langfristig ihre sozialen Fähigkeiten gestärkt

[75] Ebd.; Morbach; Zusammenleben von Jung und Alt; S. 47.
[76] Ebd.; S. 47 f.
[77] Gespräch mit Dr. X..

werden. Der gewohnte Umgang mit den älteren Generationen wird zu einer selbstverständlichen Tatsache. [78]

Den Senioren wird geholfen, sich geistig und körperlich fit zu halten. Durch den ständigen Kontakt zu den jüngeren Generationen und ihrer Einbindung in das Gemeinschaftsgeschehen wird ihrer Vereinsamung entgegengewirkt und dem vorzeitigen Altern Widerstand geboten, was einem frühzeitigen Pflegebedarf vorbeugt. Die Leitung des Generationenhauses möchte die Teilnahme der Senioren nicht erzwingen, sondern erhofft sich ein eigenständig entwickeltes Interesse an der Einrichtung. [79]

Mütter haben die Möglichkeit, durch die neue Versorgungssituation ihrer Kinder Fortbildungen zu besuchen und wieder ins Berufsleben zurückzukehren. Durch die organisierte Betreuung ihrer Kinder werden sie kostengünstig entlastet. Aufgrund der Zusammenarbeit einzelner Generationen konnte eine finanzierbare Lösung entwickelt werden. [80]

Die angebotenen Fortbildungsmaßnahmen ermöglichen die Verbesserung der Berufschancen für alle Generationen. Die Tatsache, dass diese Maßnahmen direkt vor Ort besucht werden können, spart den Berufstätigen lange Anfahrten und dadurch Zeit und Kosten. [81]

Das neu entwickelte Wir-Gefühl hält das Dorf am Leben und verhindert das Abdriften zu einer sogenannten „Schlafstatt". [82]

Das Generationenhaus hat die kleine Gemeinde Sontheim weit über Bayerns Grenzen hinaus bekannt werden lassen. Alois Glück, der bis zum Jahr 2008 das Amt des bayerischen Landtagspräsidenten inne hatte, ließ sich von Dr. X. das Konzept des Generationenhauses zeigen. Das Ergebnis ist die Einführung von sogenannten „Mehrgenerationenhäusern" in ganz Deutschland. Das Generationenhaus Sontheim kann man also als Prototyp einer bundesweiten Strategie zur Lösung der sozialen Schwierigkeiten im ländlichen Raum verstehen. [83]

Im Jahr 2009 konnte das Generationenhaus Sontheim schließlich beim Wettbewerb „Generationendialog in der Praxis" der Bundesregierung einen Preis erlangen. [84]

---

[78] Ebd.; Morbach; Zusammenleben von Jung und Alt; S. 49.
[79] Ebd.
[80] Gespräch mit Dr. X.; Morbach; Zusammenleben von Jung und Alt; S. 48 f.
[81] Morbach; Zusammenleben von Jung und Alt; S. 49.
[82] Ebd.
[83] Gespräch mit Dr. X..
[84] Ebd.

6.6 Erfolgsfaktoren

Ein wichtiger Faktor für den Erfolg ist der Reifungsprozess, der sich über die Jahre hinweg in den Köpfen der Bürgerinnen und Bürger manifestiert hat. Zudem ist wichtig, dass in einem solchen Projekt eine enge Zusammenarbeit zwischen Ämtern und Bürgern besteht. Ohne Zugpferde aus den Reihen der Bürgerschaft lässt sich ein Projekt dieser Dimension nicht umsetzen. Das Generationenhaus wurde mit einem „harten Kern" von ca. 14 Personen aufgebaut. Um ein Projekt, das auf ehrenamtliche Arbeit fußt, zum Erfolg zu führen, braucht man viele Freiwillige, die uneigennützig denken. Um dieses Bewusstsein zu vermitteln, bedarf es vieler Vorarbeit. [85]

6.7 Umsetzbarkeit für andere Gemeinden

Auf die Frage der Umsetzbarkeit des Projektes für andere Gemeinden konnten Herr Y. und Dr. X. gleichermaßen mit „ja" antworten. Was jedoch zwingend notwendig ist, ist der Einsatz von Bürgern für ein solches Vorhaben, die zu hundert Prozent von ihrem Konzept überzeugt sind. Der Bevölkerung muss jedoch verständlich gemacht werden, dass das Projekt notwendig ist. Dr. X. ist der Ansicht, dass sich das Unternehmen auch in Städten umsetzen ließe, wobei man den Bereich auf kleinere Bezirke eingrenzen müsste, in denen noch ein gewisses Maß an Kommunikation vorherrscht. [86]

[85] Ebd.
[86] Gespräch mit Herr Y.; Gespräch mit Dr. X..

Fazit

Ziel der Arbeit war es, Lösungsmöglichkeiten zu eruieren, um die durch den Demographischen Wandel bedingten Herausforderungen für die Gemeinden im ländlichen Raum entgegenzuwirken. Es hat sich erwiesen, dass die von den Ämtern für Ländliche Entwicklung durchgeführten Dorferneuerungen praktikable Lösungsmöglichkeiten zur Verbesserung der Lebens-, Wohn-, Arbeits- und Umweltverhältnisse bieten.

Die Dorferneuerung in Sontheim stellt ein anschauliches Beispiel für den Erfolg in der praktischen Umsetzung dar. In der vorliegenden Arbeit ist dabei ein besonderes Augenmerk auf den sozialen Bereich gelenkt worden. Der innovative Ansatz des Generationenhauses Sontheim, die Generationen nicht zu separieren, ermöglicht zum einen eine finanzierbare Versorgung und zum anderen einen gewinnbringenden Austausch der Potenziale von Jung und Alt.

Die Gemeinde Sontheim kann mit ihrer Maßnahme des Generationenhauses als Vorbild für andere Gemeinden gesehen werden.

Ohne die Einbindung dieses Projekts in den Rahmen der Dorferneuerung wäre es fraglich gewesen, ob sowohl die geistige Entwicklung dieser Idee als auch ihre tatsächliche Umsetzung, vor allem im Hinblick auf ihre Finanzierung, möglich gewesen wäre.

Bibliographie

Literatur

- Bayerisches Staatsministerium für Landwirtschaft und Forsten (Hrsg.); Dorferneuerung. Lebensqualität steigern, Entwicklung fördern – so werden Dörfer fit für die Zukunft; in: Ländliche Entwicklung in Bayern; München 2006.

- Bayerisches Staatsministerium für Landwirtschaft und Forsten (Hrsg.); Ländliche Entwicklung in Bayern. Aktionsprogramm Dorf Vital (= Materialien zur Ländlichen Entwicklung 40); München 2006.

- Bayerisches Staatsministerium für Wirtschaft, Infrastruktur, Verkehr und Technologie; Der ländliche Raum in Bayern; Online unter: http://www.laendlicherraum.bayern.de/der-laendliche-raum-in-bayern.html; aufgerufen am 30.06.2009.

- Bisle, F.; Amt für Ländliche Entwicklung; Informationsveranstaltung Forum Dorferneuerung; S. 14; Online unter: http://www.lra-ostallgaeu.de/uploads/media/Vortrag_Bisle.pdf aufgerufen am 19.07.2009.

- Bundesinstitut für Bevölkerungsforschung; Außenwanderung; Online unter: http://www.bib-demographie.de/cln_090/nn_750732/DE/DatenundBefunde/Wanderungen/aussenwanderung.html;aufgerufen am 28.06.2009.

- Bundesinstitut für Bevölkerungsforschung; Fertilität; Online unter: http://www.bib-demographie.de/cln_090/nn_750722/DE/DatenundBefunde/Fertilitaet/fertilitaet__node.html?__nnn=true; aufgerufen am 28.06.2009.

- Bundesinstitut für Bevölkerungsforschung; Kinderlosigkeit; Online unter: http://www.bib-demographie.de/cln_090/nn_750724/DE/DatenundBefunde/Fertilitaet/kinderlosigkeit.html; aufgerufen am 28.06.2009.

- Bundesinstitut für Bevölkerungsforschung; Sterblichkeit; Online unter: http://www.bib-demographie.de/cln_090/nn_750724/DE/DatenundBefunde/Sterblichkeit/sterblichkeit__node.html?__nnn=true; aufgerufen am 28.06.2009.

- Bundesinstitut für Bevölkerungsforschung; Wanderungen; Online unter: http://www.bib-demographie.de/cln_090/nn_750726/DE/DatenundBefunde/Wanderungen/wanderungen__node.html?__nnn=true; aufgerufen am 28.06.2009.

- Dirnberger, F.; „Ärmer, älter, bunter" – Zur Zukunft ländlicher Kommunen – aus der Sicht des Bauens und Planens; in: Magel, H. (Hrsg.); „Ärmer, älter, bunter" – Zur Zukunft ländlicher Kommunen und zu den (neuen) Möglichkeiten der Integrierten Ländlichen Entwicklung (= Materialiensammlung 34); München 2005.

- Dirnberger, F.; Erwartungen der Gemeinden an die Dorferneuerung im 21. Jahrhundert; in: Magel, H. (Hrsg.); Dorferneuerung vor neuen Herausforderungen (= Materialiensammlung 24); München 2000.

- Forum Demographischer Wandel des Bundespräsidenten; Ursachen und Folgen; Online unter: http://www.forum-demographie.de/Ursachen-und-Folgen.20.0.html; aufgerufen am 28.06.2009.

- Franzen, N./Hahne, U. u.a. (Hrsg.); Herausforderung Vielfalt – Ländliche Räume im Struktur- und Politikwandel; E-Paper der Akademie für Raumforschung und Landesplanung Nr. 4; Hannover 2008; Online unter: http://www.arl-net.org/pdf/publik/e-paper-der-arl-nr4.pdf; aufgerufen am 18.07.2009.

- Gemeinde Sontheim; Zahlen-Daten-Fakten; Online unter: http://www.sontheim.de/webseite/zahlen_fakten_daten.shtml?navid=13; aufgerufen am 01.07.2009.

- Jahnke, P.; Dorferneuerung vor neuen Herausforderungen; in: Magel, H. (Hrsg.); Dorferneuerung vor neuen Herausforderungen (= Materialiensammlung 24); München 2000.

- Morbach, Dr. D.; Zusammenleben von Jung und Alt. Beispiel Projekt Generationenhaus. Gemeinde Sontheim, Landkreis Unterallgäu; in: Bayerische Akademie Ländlicher Raum e.V. (Hrsg.); Kritische Faktoren für die Zukunft ländlicher Gemeinden. Zuwachs – Abnahme – Überalterung (= Sommerkolloquium 2002; Heft 32); München 2003.

- Presse- und Informationsamt der Bundesregierung; Alt und Jung unter einem Dach; Online unter: http://www.bundesregierung.de/nn_65654/Content/DE/Artikel/2001-2006/2006/01/2006-01-11-alt-und-jung-unter-einem-dach.html; aufgerufen am 19.07.2009.

- Schubert, K. / Klein, M.: Artikel „Demographie"; in: Das Politiklexikon (Bd. 4) Bonn / Dietz 2006.

- StMELF - Bayerisches Staatsministerium für Ernährung, Landwirtschaft und Forsten; Dorferneuerungsrichtlinien zum Vollzug des Bayerischen Dorfentwicklungsprogramms; 2009; Online unter: http://www.ale-oberfranken.bayern.de/service/34673/linkurl_1_25.pdf;aufgerufen am 01.07.2009.

o Statistisches Bundesamt Deutschland; Wanderungen; Online unter: http://www.destatis.de/jetspeed/portal/cms/Sites/destatis/Internet/DE/Content/Statistiken/Bevoelkerung/Wanderungen/Tabellen/Content50/WanderungenInsgesamt,templateId=renderPrint.psml; aufgerufen am 28.06.2009.

o Technische Universität Kaiserslautern; Herausforderungen des Demographischen Wandels für den Ländlichen Raum; Online unter: http://www.region-suedlicher-oberrhein.de/wDeutsch/aufgaben/Grenzueberschreit_Zusam/PUSEMOR/Beitrag%20Troeger-Wei%DF.pdf; S. 11 ff.; aufgerufen am 30.06.2009.

o Technische Universität München; Grundvorlesung Bodenordnung und Landentwicklung; Online unter: http://www.landentwicklung-muenchen.de/vorlesungsskripten/index.html; S. 169; aufgerufen am 30.06.2009.

o Teilnehmergemeinschaft Sontheim (Hrsg.); Abschlussdokumentation Dorferneuerung Sontheim; Krumbach 2009.

o Universität Kassel; Der Einfluss der demografischen Entwicklung auf die Nachhaltigkeit der Finanzpolitik; Online unter: http://www.ivwl.uni-kassel.de/reding/files/lehre/beier/verschuldung/Referate/Demografie.pdf; S. 3; aufgerufen am 26.06.2009.

Gespräche:

o Gespräch mit Sachgebietsleiter für Land- und Dorfentwicklung Herr Y. am 17.06.2009 im Amt für Ländliche Entwicklung Krumbach.

o Gespräch mit Herrn Dr. X. am 17.06.2009 in Sontheim.

Abbildungsverzeichnis

Abb.1: Statistisches Bundesamt; *Zusammengefasste Geburtenziffern in Deutschland, 1871 bis 2006*; Online unter: http://www.bib-emographie.de/cln_090/nn_750724/SharedDocs/Bilder/DE/Demographie/Fertilitaet/tfr__2006,property=poster.jpg; aufgerufen am 28.06.2009.

Abb.2: Statistisches Bundesamt; *Lebenserwartung bei der Geburt in Deutschland, 1991/93 bis 2004/2006*; Online unter: http://www.bib-demographie.de/cln_090/nn_750726/SharedDocs/Bilder/DE/Demographie/Sterblichkeit/lebenserwartung,property=poster.jpg; aufgerufen am 28.06.2009.

Abb.3: Forum Demographischer Wandel des Bundespräsidenten; *Die Entwicklung der Altersgruppen*; Online unter: http://www.forum-demographie.de/uploads/tx_jp downloads/Entwicklung_Alter.pdf; aufgerufen am 28.06.2009.

Abb.4: Bayerisches Staatsministerium für Wirtschaft, Infrastruktur, Verkehr und Technologie; *Der Ländliche Raum in Bayern*; Online unter: http://www.laendlicherraum.bayern.de/fileadmin/Dokumente/Bilder/Ballungsraeume_2008.jpg; aufgerufen am 30.06.2009.

Abb.5: Bayerisches Staatsministerium für Landwirtschaft und Forsten (Hrsg.); *Der Weg zum Erfolg*; abgebildet in: Dorferneuerung. Lebensqualität steigern, Entwicklung fördern – so werden Dörfer fit für die Zukunft; in: Ländliche Entwicklung in Bayern; München 2006; S. 91.

Abb.6: Bayerisches Staatsministerium für Landwirtschaft und Forsten (Hrsg.); *Aufbau Vitalitätscheck zur Innenentwicklung*; abgebildet in: Ländliche Entwicklung in Bayern. Innenentwicklung in der Dorferneuerung. Aktionsprogramm Dorf vital; (= Materialien zur Ländlichen Entwicklung 40); München 2006; S. 38.

Abb.7: Bayerisches Staatsministerium für Landwirtschaft und Forsten (Hrsg.); *Einordnung der Innenentwicklung und relevante städtebauliche Ziele*; abgebildet in: Ländliche Entwicklung in Bayern. Innenentwicklung in der Dorferneuerung. Aktionsprogramm Dorf vital; (= Materialien zur Ländlichen Entwicklung 40); München 2006; S. 14.

Abb.8: Teilnehmergemeinschaft Sontheim (Hrsg.); *Hauptstraße Sontheim*; abgebildet in: Abschlussdokumentation Dorferneuerung Sontheim; Krumbach 2009; S. 1.

Abb.9: Teilnehmergemeinschaft Sontheim (Hrsg.); *Kosten und Finanzierung*; abgebildet in: Abschlussdokumentation Dorferneuerung Sontheim; Krumbach 2009; S. 8.

Abb.10: Teilnehmergemeinschaft Sontheim (Hrsg.); *Das Generationenhaus*; abgebildet in: Abschlussdokumentation Dorferneuerung Sontheim; Krumbach 2009; S. 5.

Anhang

Gesprächsleitfaden Amt für ländliche Entwicklung Schwaben

Gesprächspartner: Herr Bauoberrat Y.

Welche Aufgaben haben Sie im Amt für ländliche Entwicklung Schwaben?

Welche Kernziele verfolgt das Amt für ländliche Entwicklung Schwaben?

Welche Probleme bringt der Demographische Wandel für die Dorferneuerung mit sich?

- Daseinsvorsorge
- Soziale Probleme: Schulen, Freizeiteinrichtungen, Betreuung von Kindern, Senioren, usw.

Was sind die Ursachen für die Probleme?

Welche Möglichkeiten bieten sich in der Dorferneuerung auf diese Probleme zu reagieren?

Welche Maßnahmen zur Dorferneuerung wurden in Sontheim durchgeführt?

Inwiefern lässt sich die Vorgehensweise in Sontheim in anderen Dorferneuerungsverfahren anwenden?

Gesprächsleitfaden Generationenhaus Sontheim

Gesprächspartner: Herr Dr. X. (1.Vorsitzender Generationenhaus-Sontheim e.V.)

In welcher Beziehung stehen Sie zum Generationenhaus Sontheim?

Welche Probleme hatten sich für die Gemeinde Sontheim durch den Demographischen Wandel ergeben?

Wie kam es zu diesen Problemen?

- Daseinsvorsorge
- Abwanderung/Zuzug
- Alterung
- Soziale Probleme: Schulen, Freizeiteinrichtungen, Betreuung von Kindern und Senioren,
  Kleinfamilien, alleinerziehende Eltern, voll berufstätige Eltern, usw.

Welche Lösungsansätze gab es außer dem Generationenhaus noch?

Das Generationenhaus:

Wann wurde es eingerichtet?
Wer hat es eingerichtet? Wer sind die Träger?
Wer betreibt das Generationenhaus?
Wie viele Mithelfer arbeiten im Generationenhaus? Sind diese Mitarbeiter alle ehrenamtlich tätig?

Wie war der Zusammenhang mit der Dorferneuerung Sontheim?
Gab es eine Zusammenarbeit mit der Schule für Dorf- und Landentwicklung?

Was kann man sich unter dem Generationenhaus vorstellen? Was macht das Generationenhaus?
Welche Gesellschaftsgruppen sind im Generationenhaus vertreten?
Was findet im Generationenhaus statt? Welche Aktivitäten werden betrieben?
Welche Ziele werden verfolgt?
Welche Erfolge haben sich eingestellt?

Zusätzliche Finanzierung:

Inwieweit unterstützt das Amt für Ländliche Entwicklung das Generationenhaus?
Gibt es Unterstützung von der Gemeinde?

Inwieweit macht sich der Erfolg für die Gemeinde bemerkbar?

Ist das Modell auch für andere Gemeinden einfach umzusetzen?
Was waren die Erfolgsfaktoren für das Generationenhaus Sontheim?